# 尋味・
# 韓國茶

李映林・高靜子

目　錄

＊註：本書食譜所標示的 1 杯為 200ml，1 大
匙為 15ml，1 小匙為 5ml。

＊註：本書所介紹的茶飲及藥膳酒之功效為韓
國家庭代代流傳下來的說法，可供享用茶飲
時參考。

# 1 什麼是韓國傳統茶？

韓國人飲用的茶類飲品包羅萬象，像是用
蜂蜜漬泡果實後稀釋、或慢火熬煮而製
成，有些甚至會讓人有誤以為在喝湯的錯
覺。選擇茶飲時，請傾聽身體與心靈傳達
的訊息，挑選自己真正需要的茶來飲用。
韓國人認為茶也是「飲食」的一部分，因
此，對韓國「飲食」多加瞭解，可以幫助
你更能享受韓國傳統茶。

在韓國,人們將調味醬料稱作「藥念醬」（양념장）；運用紅棗及栗子等食材,加入蜂蜜和麻油等調味後所蒸煮的米糕稱作「藥飯」（약밥）；韓式的傳統點心則稱為「藥果」（약과）。這麼多的名稱都加上了「藥」字,是因為韓國人認為,飲食不僅是維持身心健康的一大重要因素,亦能豐富自己的人生。「藥念」（양념）這個詞正如其名,因人們抱持著「能對身體有益、擁有良藥一般的效果」來使用提味佐料,所以才將之稱為「藥念」。

韓式料理奉行陰陽五行之說,以五味五色為基本理念。五味指的是酸、甜、苦、辣、鹹五種味道,而五色則為紅、白、黑、綠、黃五個顏色。當五色五味具備齊全之時,食材之間便會相互調和,成為平衡而和諧的料理。因此為了備齊五種顏色,盛盤後會為料理增添上用來裝飾的食材「麵碼兒」（고명）。例如若料理中缺少黃色,就放上蛋絲；少了紅色,就擺上紅辣椒裝飾。裝飾食材不單單只有裝飾的功用,亦能展現出「這道料理是特地為你而做,誰都還沒有碰過的喔。」這樣盛情款待的心意。

「藥食同源」是韓國飲食文化中十分重要的理念。在現代,雖然因為「well-being」及「LOHAS」*這樣的生活方式風行,讓大家重新認識此一思想,但我認為其實根本道理都是相同的。

這些生活理念都主張日常飲食是維持身心健康的關鍵、身心失去平衡時需憑藉飲食來恢復、對於餐桌上各種來自大自然

的恩賜，以及製作生產的人們皆需心懷感恩。如此一來，人與大自然便能共存，身心變得充實，就能兼具美與健康的生活。

*譯註：「well-being」原意指健康的生命或良好的狀態，後來衍生為一種追求幸福、健康、安樂生活的文化。「LOHAS」全名為 Lifestyles of Health and Sustainability，是一種注重健康與永續的生活型態。

枸杞子被視為沒有副作用的萬靈丹，不僅可沖泡成茶飲用，也常作為料理食材使用。

和砂糖相比，韓國人更常使用蜂蜜來增添甜味。在我的故鄉濟州島有許多洋槐樹，不知道是否因為思鄉之情的緣故，我非常喜歡洋槐花蜜。

這是韓國傳統茶飲之一的「食醯」，在煮好的米飯裡加入由麥芽粉沖泡、沉澱，而濾得上層澄澈的麥芽水後，經發酵製成，味道類似日本甘酒。

## 將大自然的恩惠化作茶飲

在韓國，「藥食同源」不僅落實於正餐飲食，茶飲與點心的享用也蘊含相同的觀念。韓國人沒有「早晨的茶飲」或是「下午三點的午茶」這樣的飲茶習慣，而是根據當天的心情和身體狀況來選擇飲用的茶。從前，韓國人其實也飲用綠茶，但由於李朝時代尊儒排佛的政策，因此人們漸漸不喝與佛教有深厚淵源的綠茶。取而代之的是，利用果實、糧穀、野草和花朵等身邊容易取得的材料製成各種茶飲，也就是現在所謂的韓國傳統茶。

在我出生長大的濟州島，大家會依季節變換，摘採各種大自然的恩賜來泡製傳統茶。春天時分採艾草；初夏新綠之際摘取松樹的新芽；秋季時尋覓楚楚可憐的野菊花；冬天則採收香氣濃郁的柚子。傳統茶不僅容易入口、賞心悅目，飲用時甚至能直接感受到大自然的氣息，好似大自然隨時敞開著溫暖的胸懷接納我們。

為了泡製傳統茶，我會用蜂蜜或醋醃漬各式當季食材備用。若以花朵或葉子作為材料時，則會先將其乾燥後再保存。

為自己泡一杯好茶

和朋友聚會時，我會泡製蓮花（上圖）或芍藥花（下圖）作為待客茶飲（請參考第 46 ～ 47 頁）。大家一起欣賞花朵逐漸綻放的神祕模樣，品聞那豐郁的香氣，讓聚會增添華麗感。

濟州島是觀光客經常造訪之地，我的母親為了這些不曾見過的旅人，特地在沒有水的地方擺上一個大甕缸，隨時準備好乾淨的水讓他們取用。在某個夏日，母親對著一個汗流浹背的旅人說：「請慢慢飲用吧。」便拿了一碗放有竹葉的水給他。口渴的時候如果水喝得太急，很容易嗆到，但若有片竹葉漂於水面，就能慢慢的飲用。我想這就是為什麼母親要附上一片竹葉的原因。直到現在，想到母親當時的用心，便能體會到區區一碗水的珍貴性。

因此，現在不管回到家有多麼累，我都還是保持著泡茶的習慣。柚子茶（請參考第 12 ～ 13 頁）或紅棗茶（請參考第 20 ～ 21 頁）等甘甜清香的茶飲，都能讓我身心平靜。感冒初期或是疲憊之時，飲用一杯生薑茶（請參考第 26 ～ 27 頁）便能讓五臟六腑都暖和起來。可能是拜這些茶飲之賜，我們家裡的人一直都很健康，不太需要看醫生呢。

在忙碌生活的每一天，更應善待自己，為自己泡一杯好茶。就算只有五分鐘，也應享受一杯好茶，擁有讓心情放鬆的時間。為了家人及身邊所關心的人，讓自己隨時維持在健康狀態是很重要的事。

# 2 簡單、美味的韓國傳統茶

摘採當季旬味果實、葉子、松果、花
朵……等，或用蜂蜜浸漬、或乾燥處
理，製作成茶飲。
每篇食譜皆標有韓國所相傳的效能註
解，很適合根據當天的心情或身體狀
況來選擇茶飲享用。

柚子茶是日漸被熟知的一種韓國傳統茶。在日本料理中常見柚子作為提味佐料，而韓國卻最常將柚子做為柚子茶飲用。柚子茶香氣濃郁，味道酸甜適中，且由於習慣帶皮飲用，因此呈現些微苦澀卻又爽口的口感。另外因富含維他命 C，在容易感冒的季節或鼻子過敏時飲用也可減緩不適。使用蜂蜜醃漬的柚子茶醬也可直接當作果醬，搭配甜點食用。

# 유자차

## 柚子茶

◎養顏美容　◎預防感冒　◎緩解喉嚨痛　◎消除疲勞

材料（易做的分量）
柚子……3 顆
蜂蜜……300g
鹽……適量

## 作法 ・ 沖泡方式

1…在柚子上撒些許鹽巴並用刷子刷洗乾淨後（A），再將水分擦乾。

2…將柚子切成四等分，去除厚硬的白芯部分並取出柚籽（B）。接著擠出柚汁（C），並將柚子皮連同內層白色海綿層切成細絲。

3…將步驟 2 的柚汁和柚子皮放入調理缽內，倒入蜂蜜並攪拌均勻（D）。靜置待柚子皮變軟後，當天即可沖泡飲用。將做好的柚子茶醬倒入煮沸消毒過的瓶子裡，放進冰箱冷藏，可保存一個月左右。

4…取適量的柚子醬放入杯中，倒入熱水即可飲用。柚子皮亦可食用。

A…撒上些許鹽巴搓一下可去除髒污，亦可殺菌。
B…中間白芯部分很硬，所以切掉不使用。
C…輕輕地將柚汁擠出。
D…倒入蜂蜜攪拌均勻即完成。

花梨是屬於薔薇科的植物，香氣獨特。沖泡花梨茶時會散發出清雅的香氣，能讓人感到放鬆。花梨的果實很大，表面凹凸不均，看起來不怎麼討喜。但房間裡只要放一顆花梨，便會飄散陣陣清香，療癒疲憊的身心。另外，花梨亦有潤喉的功效，具有止咳化痰的效果。

# 모과차

## 花梨茶

◎止咳　◎預防感冒　◎去除寒氣　◎消除疲勞

材料（易做的分量）
花梨……1 顆（約 550g）
蜂蜜……約 550g（與花梨等重）
烏醋……100ml
鹽……適量

**作法・沖泡方式**

1…在花梨上撒些許鹽巴並用刷子刷洗乾淨後（A），再將水分擦乾。

2…將花梨縱切成四等分後去籽（B）。再帶皮切成 3mm 厚、如銀杏葉般的¼圓片狀（C）。

3…將切好的花梨片放入調理缽內，再倒入蜂蜜攪拌均勻（D）。攪拌好後放入煮沸消毒過的瓶子裡，並倒入烏醋。一個月後即可飲用。做好的蜜漬花梨片放冰箱冷藏，可保存三個月左右。

4…取適量的蜜漬花梨片放入杯中，倒入熱水後即可飲用。花梨片很硬，故不適合食用。

A…撒上些許鹽巴搓一下可去除髒污，亦可殺菌。
B…利用菜刀的刀尖部分將籽去除。
C…花梨很硬，切片時請務必小心。
D…將花梨片和蜂蜜稍加攪拌，放入瓶中倒入烏醋。

蘋果富含維他命C，可預防感冒，讓身體
保持良好狀況。雖然蘋果一年四季都能買
得到，但秋天到冬天這段期間採收的蘋果
香氣最為濃郁，也最美味。又若恰巧找到
酸甜適中的紅玉蘋果，請務必用來試做這
款蘋果茶。蘋果屬於薔薇科的植物，散發
著濃郁的香氣，能讓人身心放鬆。例如睡
不著的時候，很適合泡一杯溫潤的蘋果茶
飲用。

# 사과차

## 蘋果茶

◎消除疲勞　◎預防感冒　◎抗氧化作用　◎整腸作用

材料（易做的分量）
蘋果（紅玉品種最適合）……2 顆（1 顆約重 250g）
蔗糖……500g
檸檬汁……1 顆檸檬的分量
鹽……適量

**作法 ・ 沖泡方式**

1…在蘋果上撒些許鹽巴並用雙手搓洗一下，再將水分擦乾。

2…將蘋果縱切成四等分後去核。再帶皮切成 3mm 厚、如銀杏葉般的¼圓片狀後，輕過一下鹽水。之後將蘋果片散放於竹簍上日曬 1～2 小時左右（A），等表面曬乾後再將蘋果片放入調理缽內，並均勻撒上蔗糖（B）（C）。

3…將步驟 2 放入煮沸消毒過的瓶子裡，並倒入檸檬汁。大約一星期，待蔗糖融化後，即可泡製成蘋果茶飲用。做好的糖漬蘋果片放入冰箱冷藏，約可保存一個月。

4…取適量的糖漬蘋果片放入杯中，倒入熱水後即可飲用。蘋果亦可食用。

A

B

C

A…為防止蘋果變色，將蘋果片輕過一下鹽水，並散放在竹簍上日曬乾燥。
B…撒上礦物質豐富的蔗糖。
C…切片的蘋果容易碎掉，所以撒上蔗糖後，請利用搖晃調理缽的方式讓蔗糖均勻沾裹蘋果片。

柿餅茶在韓國被稱為水正果,和食醯(請參考第7頁)一樣,是韓國人經常飲用的傳統茶飲,市面上也找得到罐裝商品。柿餅茶使用的韓式糖漬柿餅味道獨特,蘊含了薑及肉桂的辛香風味。韓國的家庭會在大年初一準備柿餅茶,招待一大清早來行歲拜禮(大年初一對長輩們所行的禮儀)的訪客們。柿餅在韓國十分常見,且是農曆春節和七夕等韓國重大節日中不可或缺的食物,也是祭祀時必備的供品。

# 곶감차

## 柿餅茶（水正果）

◎預防感冒　◎緩解宿醉

材料（4 人分）
柿餅……4 個
水……5 杯
薑……40g
肉桂棒……1 支
蜂蜜……4 大匙
白蘭地……1 小匙

**作法 ‧ 沖泡方式**

1…薑切薄片後，與肉桂棒及量好的水一起
放入鍋中煮沸後，轉小火繼續熬煮約 20 分
鐘（A）。熬煮完成後將湯汁過篩至容器
中，濾除食材後再倒回鍋內。

2…在步驟 1 加入蜂蜜，稍微煮一下即關火
（B）。溫度降至不燙手的程度後，倒入白
蘭地，最後再放入整顆的圓形柿餅（C）。
完全放涼後便可倒入乾淨的容器中，並放
進冰箱保存一日，待柿餅吸飽茶汁而膨脹。

3…將茶汁倒進杯子裡，放上柿餅。柿餅亦
可食用。

A…將薑和肉桂棒放入鍋裡熬煮出香味。
B…倒入蜂蜜後稍煮片刻，使蜂蜜溶化。
C…柿蒂和柿枝對身體有益，無須摘除，可一起浸
泡。

紅棗只要一開花必定結果，因此象徵著子孫繁榮。韓國人認為紅棗是神所賜予的果實，很珍貴，因此，祭祀大典或婚禮上，紅棗都是不可或缺的吉祥象徵。在韓國傳統婚禮中，婆婆會丟出紅棗，祝福新人多子多孫，而媳婦則必須拎著韓服的裙襬接住紅棗。紅棗對女性朋友來說是一種很好的果實，因此韓國人都說「女生看到紅棗一定得吃一顆才行。」

# 대추차

## 紅棗茶

◎養顏美容　◎防止老化　◎去除寒氣　◎止咳

材料（4人分）
紅棗乾……20個
水……5杯
蜂蜜……適量
裝飾用紅棗乾……適量

**作法 · 沖泡方式**

1…紅棗乾洗淨瀝乾後，在外皮以縱向切劃
1～2刀。

2…將紅棗乾和量好的水放入鍋裡，開中火
煮沸後，轉小火熬煮30分鐘關火（A）。
待冷卻後，再次開火熬煮30分鐘。

3…在裝飾用的紅棗乾上縱切一刀，將籽取
出。接著，從邊將紅棗捲緊後，再橫向切
成圓片（B）。

4…將熬好的紅棗茶過篩濾淨至容器中後，
再把步驟3切好的裝飾用紅棗乾放進茶
裡，讓它浮在茶面上。紅棗茶雖然已帶有
紅棗的甘甜，亦可依個人喜好加點蜂蜜飲
用。熬煮過的紅棗亦可食用。

A…熬煮30分鐘後關火，待湯汁冷卻後再開火熬煮
30分鐘。以此取代原本需花4小時的熬煮過程，可
節省時間。

B…裝飾用的紅棗先去籽再捲緊，然後切成圓片。

A

B

顏色鮮紅的紅石榴被稱為「秋天的寶石」，是一種很漂亮的果實。紅石榴籽含有豐富的營養成分，因此可一起放入醋中醃漬。紅石榴酸甜的味道和烏醋十分搭配，本書的作法雖然是以氣泡礦泉水稀釋飲用，但若改以熱水稀釋，溫熱品飲也很美味。此外，完成的醋漬紅石榴蜜也可做為沙拉醬或調味醬使用。

# 석류차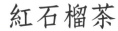

## 紅石榴茶

◎排除更年期體內寒氣　◎緩解熱潮紅

材料（易做的分量）
紅石榴⋯⋯1顆（大）
烏醋⋯⋯2½杯
蜂蜜⋯⋯500g
裝飾用紅石榴果肉⋯⋯適量

**作法 · 沖泡方式**

1⋯在紅石榴上撒些許鹽巴並用雙手搓洗一下，再將水分擦乾。

2⋯在紅石榴外皮上縱切劃4刀（A），並在不傷害紅石榴果肉的情況下，沿著刀痕將紅石榴剝開。（B）。

3⋯將紅石榴和蜂蜜放入煮沸消毒過的瓶子裡攪拌均勻後，倒入烏醋（C）。

4⋯完成後保存於陰暗處，約一星期後將石榴皮從瓶中取出，並盡量將紅石榴果肉剝下留在瓶內。大約三個月後即可飲用，飲用時取出適量的醋漬紅石榴蜜放入杯中，再倒入氣泡礦泉水稀釋，最後放上幾粒紅石榴果肉浮於茶面作為裝飾。

A⋯在紅石榴外皮上切劃4刀，請注意不要傷到紅石榴果肉。

B⋯用雙手將紅石榴剝開，剝開時同樣請小心別弄碎紅石榴果肉。接著帶皮放入瓶中。

C⋯蜂蜜和紅石榴攪拌均勻後，倒入烏醋。

A

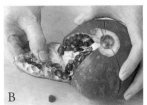

B

C

五味子*為朝鮮五味子（木蘭科植物）的果實乾燥後製成。顧名思義，是一種甘、酸、苦、辛、鹹五味俱全的果實。將果實浸泡於水中一晚，可泡出漂亮的粉紅色五味子茶。泡好的五味子茶直接飲用就很美味，依照個人喜好加些蜂蜜或其他糖類增添些許甜味也很不錯。五味子茶不管溫熱或冰涼飲用都很美味。此外，放些當季水果浮於茶面上，即成韓國的傳統甜點「花菜」*（화채）。

*譯註：五味子分為北五味子、南五味子和西五味子三種，乃同種不同屬的植物。
　　　這裡所指的五味子為主要產於東北及朝鮮的北五味子。
*譯註：花菜是朝鮮半島一種傳統甜點的統稱。把水果、花草、餅食或麵食放入蜂
　　　蜜水或五味子茶中，即成所謂的花菜。最常見的是五味子花菜。

# 오미자차

## 五味子茶

◎止咳　◎消除疲勞　◎幫助消化

材料（易做的分量）
五味子……30g
水……2 ½杯
蜂蜜……適量

**作法・沖泡方式**

1…五味子去枝梗後（A）（B），洗淨瀝乾。

2…將量好的水倒入鍋裡煮沸後關火，並待其冷卻至不燙手的程度。

3…將步驟1的五味子放入煮沸消毒過的瓶子裡，並倒入步驟2中煮沸放涼的水（C），放置一晚後，將五味子果實過篩濾除後即可飲用。飲用時可依個人喜好加入蜂蜜或其他糖類增添甜味。

A、B…請小心摘除果實的枝梗。
C…將水煮沸殺菌後放涼，再倒入裝有五味子的瓶中。

A

B

C

在韓國，大家不但常以薑做為提味用的辛香蔬菜，也常加入茶飲或甜點中享用。夏天在薑茶中加上滿滿的薄荷，就成了冰涼爽口的茶；冬天飲用薑茶，則能讓身體暖和，還可預防感冒。因此，薑對韓國人來說是一年四季不可或缺的食物。我們在這款茶飲中搭配了有治喉痛及預防感冒效果的金桔。金桔的甜味、酸味和香氣，搭配薑的辣味所呈現出的美味生薑茶，會讓人忍不住一杯接著一杯。

# 생강차
## 生薑茶

◎去除寒氣　◎緩解宿醉　◎預防感冒

材料（易做的分量）
薑……50g
金桔……1盒（約10～12顆）
蜂蜜……100g
水……3杯

**作法 · 沖泡方式**

1…薑去皮後切薄片。金桔洗淨去蒂，放入鍋中燙煮後，將水濾除（A）。

2…將薑片、金桔和蜂蜜倒入鍋中，加入量好的水後開火熬煮。煮沸後轉小火，繼續熬煮30分鐘，同時一邊將雜質與浮沫撈掉（B）。

3…將步驟2煮好的薑和金桔，連同湯汁一起倒入容器中。金桔和薑皆可食用。放涼飲用也很合適。

A…金桔苦味很重，所以需事先燙煮將苦味去除。
B…大火熬煮易將金桔煮裂，所以請開小火慢熬。

A

B

高麗蔘茶是韓國傳統茶的代表茶飲。高麗
蔘指的是朝鮮蔘（草木植物屬）的根部，
它含有豐富的礦物質與維生素。熬煮成茶
飲用可提高免疫力，因此被視為珍貴的靈
丹妙藥。市面上亦可找得到做成茶包、磨
成粉末或萃取精華販賣的商品。

在這裡，介紹的是一款在韓國被視為最上
等的五果茶（오과차）。五果茶加入了具
卓越療效的紅棗及陳皮等五種材料熬煮，
是一種口味甘甜、順口且香氣濃郁的茶。

# 인삼차

## 高麗蔘茶（五果茶）

◎去除寒氣　◎消除疲勞　◎抒解壓力　◎緩和肩頸僵硬

材料（易做的分量）
高麗蔘（乾燥）……1 根
曬乾的板栗……8 顆
紅棗乾……8 顆
肉桂棒……1 支
陳皮*……10g
水……8 杯
松籽仁……適量
＊「陳皮」即為乾燥的橘子皮。

## 作法・沖泡方式

1…將高麗蔘、曬乾的板栗、紅棗乾、肉桂棒和陳皮（A）稍加沖洗後瀝乾。

2…將步驟 1 的材料放入鍋中，倒入量好的水後開中火熬煮（B）。煮沸後轉小火，繼續熬煮至湯汁剩下一半時關火。

3…將步驟 2 熬好的蔘茶篩除食材，濾淨至容器中，再放上幾顆松籽仁加以點綴。

A…五果茶的材料。左起依序為陳皮、肉桂棒、曬乾的板栗、高麗蔘和紅棗乾。
B…將蔘茶慢火熬煮至半量。

百合根加熱煮過後，口感會像薯芋類蔬菜一樣，鬆鬆軟軟。熬煮成茶時，則呈現出溫和細緻的味道。自古以來，百合根被認為具有止咳的功效，因此常做為中藥材使用。此外，銀杏的營養價值也很高，亦能止咳潤肺。曾經在某個寒冬之日，我在韓國一家傳統茶館裡喝茶時，不小心咳了兩聲，店員因此就為我煎烤了一些銀杏。這種貼心的舉動真讓人打從心底覺得溫暖，身體也因此感覺好了許多。

# 백합차

## 百合根茶

◎止咳　◎美白　◎消除便秘

材料（易做的分量）
百合根⋯⋯2 顆
銀杏⋯⋯12 顆
水⋯⋯4 杯

## 作法 · 沖泡方式

1⋯百合根仔細洗淨並瀝乾後，將鱗片一片一片剝下。損傷或變色的部分可輕輕切除（A）。銀杏則稍微煎烤一下後，再剝殼去膜。

2⋯將步驟 1 的食材放入鍋中，倒入量好的水後開中火熬煮。煮沸後轉小火繼續熬煮10 分鐘。熬煮時注意別煮爛了（B）。

3⋯將熬煮好的百合根茶連同百合根和銀杏一同倒入容器中。百合根和銀杏皆可食用。

A⋯將百合根損傷變色的部分切除。
B⋯由於百合根很軟，容易煮爛，所以請開小火慢熬。

# 매실차

## 梅實茶

◎消除疲勞
◎幫助排毒
◎促進食慾

韓國人常用蜂蜜醃漬梅子作成蜜漬梅實，將蜜漬梅實泡成茶飲，即為梅實茶。梅實茶香氣濃郁，是一款很受歡迎的茶品。將梅實洗淨後擦乾，去蒂後放進瓶中並倒入蜂蜜。蜂蜜倒至約覆蓋過梅實的高度即可。靜置一～二個月後即可取出幾顆醃漬完成的蜜漬梅實，倒入熱水或開水稀釋成梅實茶飲用。

# 호도차

## 核桃茶

◎養顏美容
◎治療失眠
◎抒解壓力
◎去除寒氣

將核桃和紅棗乾放入果汁機中攪拌打碎後，加入糯米粉沖泡，便成了濃稠香醇的茶。飲用時可加點蜂蜜增添甜味。核桃富含優質蛋白及良性脂肪，營養價值很高，是韓國人經常使用的食材，煮粥或糕餅製作時都常使用核桃來豐富口感。

# 둥굴레차

## 玉竹茶

◎消除便秘
◎養顏美容
◎去除寒氣

將玉竹的根部蒸過後乾燥，並重複數次，使其充分乾燥後便可泡製玉竹茶。玉竹在韓文有圓形的意思，花是圓的，果實也是圓的，因此韓國人認為，飲用玉竹茶能使身體變得溫潤（亦即呈現協調的狀態）。玉竹茶喝來甘甜清香，是適合熬煮後飲用的茶。

# 검은콩차

## 黑豆茶

◎防止老化
◎養顏美容
◎消除浮腫

黑豆除了具有大豆原有的養分外，天然的黑色素還被認為能夠防止老化及改善視力。黑豆茶有股淡淡的甜味，飲用時還能感受到濃郁的豆香味。黑豆洗淨瀝乾，放入平底鍋中煎焙後，即可熬煮成黑豆茶飲用。

# 옥수수차

## 玉米茶

◎去除寒氣
◎消除浮腫

自古以來，玉米茶就是韓國人長年習慣飲用的穀物茶。玉米粒煎焙過後熬煮成茶，即可代替溫開水或冷開水飲用。玉米茶帶有一股淡淡的玉米香與溫和的甜味，感覺比麥茶更潤滑溫順。

# 율무차

## 薏仁茶

◎養顏美容
◎促進血液循環

薏仁和玉米一樣，都是很容易購買的食材。自古以來，薏仁一直被當作藥用植物使用。又由於具有養顏美容的效果，因此薏仁茶十分受到女性歡迎。薏仁茶富含香氣又順口，和黑豆、玉米茶一同熬煮成糧穀茶飲用也很美味。

## 茶器的點點滴滴

韓國傳統茶是能夠在家中日常享受的好茶，因此茶器也使用平時慣用的即可。像是在我家裡，有著從古老的李朝時代流傳至今的茶器到法式咖啡歐蕾碗等多樣的器具，而泡茶時我習慣依當時的心情從中選擇。想喝多一點的時候就選大一點的器皿；而像是玫瑰花茶或菊花茶這類，就選擇香草茶用的玻璃製茶壺搭配，可順道欣賞花朵於熱茶中綻放的模樣。其中，特別推薦使用像是白瓷或粉引陶製等白色的茶器，更能襯托出茶色之美。

（右圖）我十分喜愛的一個品牌 Jurgen Lehl 所出的陶杯，裡面放的是韓國的竹製茶杓。旁邊為在韓國所購入，放在一個大型竹籃裡販售的茶碗。

（上圖）韓國知名品牌所出的茶器。是我到韓國時，必定會造訪的店家。

# 감잎차

## 柿葉茶

◎養顏美容　◎幫助排毒　◎抗菌作用

柿葉茶用的柿葉是採摘藥效最佳的嫩芽部分製成。嫩芽洗淨瀝乾後切碎，稍微蒸過再煎焙一下，並在嫩芽尚未變色前取出，鋪放於竹簍上陰乾。一般也能在像是保健食品賣場等地方找到市售的柿葉茶。柿葉茶富含維他命 C，具有養顏美容的效果，亦有排毒及抗菌等作用。孩子去遠足或參加戶外活動時，我都會泡柿葉茶讓他放在水壺裡帶著喝。無論是直接倒入熱水沖泡或是放入鍋中熬煮後飲用，都能享用到一杯美味好茶。柿葉茶帶有些微苦味，入喉後還會感受到如薄荷般的清新回甘。

材料（4 人分）
乾燥柿葉……10g
水……4 杯

### 作法 · 沖泡方式

將量好的水倒入鍋中，煮沸後放入柿葉熬煮 5～10 分鐘。煮好之後，過篩濾除柿葉即可飲用。

將水煮沸後放入柿葉熬 5～10 分鐘。

繡球葉茶使用的是山繡球花的葉子（由額繡球花變種而來）。摘採下山繡球葉後稍微蒸過、乾燥，即可沖泡成茶飲。在注入熱水時就能聞到淡淡的甜味，飲用時口感滑順。據說繡球葉茶還具有減肥效果。當梅雨季節來臨，持續陰沉潮濕的天氣不禁讓人感到憂鬱之時，就適合泡一杯繡球葉茶，並妝點上一朵小小的繡球花享用。那股淡淡的清香能讓人在無形之中感到放鬆，心情也會跟著明朗起來，並感到「下雨的日子並沒有想像中糟。」

# 수국차

## 繡球葉茶

◎做為甜味劑使用　◎有助減肥

材料（4人分）
乾燥繡球葉*……1 ～ 2 瓣
熱水……150 ～ 200ml
＊繡球葉茶在日本亦被稱為「甘茶」。

**作法・沖泡方式**
將繡球葉放入杯中，注入熱水，靜置 1 ～ 2
分鐘，待茶葉泡開後即可飲用。可再倒入
熱水回沖 3 ～ 4 次，茶葉不需取出。

將熱水注入裝有茶葉的杯中，待茶葉泡開後即可飲用。

# 솔잎차

## 松葉茶

◎抒解壓力
◎去除寒氣

松葉茶\*散發出一股清香，讓人不禁和徐徐微風聯想在一起。韓文中的微風即稱作松風（솔바람）。當生活不規律而感到渾身無力或沒有精神時，泡一杯松葉茶便能提振精神。除此之外，松葉茶亦能強化血管並促進血液循環。

# 연잎차

## 蓮葉茶

◎消除浮腫
◎防止老化
◎抒解壓力

蓮葉洗淨瀝乾後切碎，再煎焙使之乾燥。將乾燥蓮葉放入壺中，注入熱水沖泡，或放入鍋中熬煮後即可飲用。市面上販賣的蓮葉茶除了蓮葉之外，尚有添加蓮花花瓣的茶。芳香怡人的蓮葉茶喝起來有股淡淡的甜味，是一款帶有神祕感的茶飲。

# 민들레차

## 蒲公英茶

◎平衡賀爾蒙
◎幫助排毒

每到春天，韓國人便會用蒲公英的葉子，作為韓式拌菜或拌飯的配菜。在韓國，蒲公英的花和根是包在一起賣的。一般認為，哺乳期的女性飲用蒲公英茶能夠提升嬰兒的免疫力。

# 대잎차

## 箬竹茶

◎抒解壓力
◎治療失眠

箬竹茶喝起來爽口，口感清涼，就好像竹子直直往上生長一般沁入鼻腔。韓國習俗中，讓一歲過後的孩子喝稀釋過的箬竹茶，象徵希望孩子品行端正的成長。箬竹亦有防腐效果，可做為防腐劑使用，因此常作為包飯糰的食材。

\*譯註：松葉又名松針，本書所介紹的松葉茶即是採又短又細的松針所沖泡的茶，因此又稱為松針茶。

# 쑥차

## 艾草茶

◎去除寒氣
◎舒緩生理痛
◎有助肌膚保溼

每當春天一到，我會採些艾草以鹽水清洗乾
淨，蒸過並曬乾後，泡製艾草茶。因為是
自己摘的艾草，所以泡出來的茶特別新鮮好
喝，不但呈現出漂亮的綠色，還有濃濃的艾
草香。將艾草放入壺中，注入熱水悶泡一下
即可飲用。若艾草帶有花苞，稍微煎焙後即
可沖泡成茶飲用。

# 뽕잎차

## 桑葉茶

◎有助減肥
◎消除浮腫
◎預防高血壓

桑葉是蠶寶寶所吃的植物。春季時，摘取新
生的嫩芽，放入鍋中煎焙後，捻揉成條狀。
煎焙和揉茶的動作重複數次，使其乾燥後即
可泡製成茶飲。將桑葉放入壺中，注入熱
水悶泡一下即可飲用。初冬經霜後採收的桑
葉只需乾燥後即可，但需要熬煮過後才能飲
用。

## 茶器的點點滴滴

為了能溫熱飲用熱茶，我會用蓋杯茶
碗作為茶器。想趁熱飲用剛熬煮好的
茶，或是接待客人時，我也會使用蓋
杯茶碗。

　　打開杯蓋的一瞬間，傳統茶溫熱
沁人的香氣撲鼻，讓人感到放鬆。我
常常用下圖的蓋杯茶碗盛裝紅棗茶
（請參考第 20 ～ 21 頁）。即便是日
常使用的茶器，偶爾將桌布或茶墊換
成韓式包袱布（보자기），或者在韓
式矮桌上擺上茶膳，感受一下韓式午
茶的氣氛也別有一番風味。

這款蓋杯茶碗是我們設計後，請居住於京
都的陶藝家燒製而成。平常也會用來盛裝
粥品。

菊花能依四季的變化，創作出不同的菜餚。春天一到，嫩芽可用來製做韓式拌菜；夏天則可利用菊花葉炸成天婦羅；進入秋天，則可做成花煎餅（화전，請參考第59頁），妝點於麻糬上；冬天來臨時，則可運用菊花釀酒或作為下酒菜。中醫所謂「頭無冷痛」，意思是頭痛皆因熱而生，因此睡覺時在枕頭中放入菊花，讓頭部保持陰涼，據說就能避免頭痛。有人認為菊花是能讓人長生不老的萬靈丹，不但可清肝明目，還能消除疲勞及幫助消化。使用野菊花沖泡的菊花茶是我個人最喜歡的茶飲之一。在忙碌的工作中偷得幾分閒時，兩個人一起泡一杯野菊茶喝，一邊聞著野菊花的香氣，一邊看著著惹人憐愛的花影，心靈著實獲得不少撫慰。野菊茶真可說是秋天的恩賜。

# 국화차

## 菊花茶

◎消除疲勞　◎緩解宿醉　◎幫助消化

自家製
乾燥菊花

韓國產
乾燥菊花

韓國產
乾燥野菊花

材料（易做的分量）
食用小菊花……適量
鹽……少許

**作法 · 沖泡方式**

1…將小菊花摘下，以鹽水洗淨後再將水分
瀝乾。

2…在竹簍上鋪一層蒸布，將菊花排開
（A），竹簍置於蒸氣竄升的蒸籠上，約蒸
1～2分鐘（B）。蒸好後將菊花移至乾燥
的竹簍上排開，再擺放於日蔭下乾燥約4
～5天（C），最後再拿至陽光下日曬約1
～2小時，將其完全曬乾。

3…在杯中放入3～5朵曬好的乾燥小菊
花，注入150～200ml的熱水。靜置悶泡
2分鐘，待飄出香氣後即可飲用。可再倒入
熱水回沖3～4次。

A…生魚片上裝飾的那種小菊花也同樣適用。在竹
簍上鋪一層蒸布後，將小菊花排開。
B…將竹簍放在蒸氣竄升的蒸籠上，約蒸1～2分
鐘。
C…蒸好後，立刻將菊花移至乾燥的竹簍上排開曬
乾。
＊左頁圖中茶飲，由上到下依序為韓國產乾燥野菊
花、自家製乾燥菊花及韓國產乾燥菊花所沖泡而成
的菊花茶。

A

B

C

玫瑰花茶被認為是宛如「香水」一般的茶飲，因為喝了玫瑰花茶後，身體彷彿會散發出淡淡的玫瑰花香，讓人身心放鬆，舉手投足都變得優雅。玫瑰花茶能安定心神，維持賀爾蒙平衡。若能取得有機玫瑰花的話，將其洗淨曬乾便能自製玫瑰花茶。另外，利用蜂蜜或砂糖將玫瑰花瓣漬成玫瑰花醬，注入熱水後就成了另一種風味的玫瑰花茶。

# 장미꽃차

## 玫瑰花茶

◎放鬆身心　◎養顏美容

材料（1人分）
乾燥玫瑰花……6 ～ 7 朵
熱水……150 ～ 200ml

**作法 · 沖泡方式**
將乾燥玫瑰花放入茶壺中，注入熱水稍微
悶泡一下，飄出香氣即可將玫瑰花茶倒入
杯中飲用。可再倒入熱水回沖 3 ～ 4 次。

飄散出陣陣玫瑰花香時即可飲用。

紅花是在梅雨季節綻放出漂亮橘色花朵的花。紅花茶味道獨特，本書所介紹的紅花茶加入紅棗乾和枸杞子一同熬煮，甘甜的味道讓人更容易入口。紅花具有促進血液循環的功能，能將身體狀況慢慢地調理好，適合容易手腳冰冷的女性飲用。採下紅花花瓣後，倒入砂糖或蜂蜜醃漬二星期即成紅花醬。取適量的紅花醬放入杯中，倒入熱水即成不同風味的紅花茶。

# 홍화차
## 紅花茶

◎去除寒氣　　◎平衡賀爾蒙　　◎養顏美容

材料（2～3 人分）
乾燥紅花……3g
紅棗乾……12 顆
枸杞子……1 大匙
水……5 杯

**作法 ・ 沖泡方式**

1…將紅棗乾和枸杞子稍微沖洗一下。

2…將紅花和步驟 1 的食材放入鍋中，倒入量好的水熬煮 20 分鐘。

3…紅花不拿來食用，所以待紅花沉至鍋底時，即可裝取上層澄澈的茶汁飲用。若覺得這樣不方便的話，亦可將材料濾除後再倒入容器中飲用。紅棗和枸杞子也可以食用。

為了讓肌膚維持在良好的狀態，我平常就喜歡且習慣飲用紅花茶。

熬煮 10 分鐘，湯汁即會變紅。熬煮完成後可直接飲用，或將材料濾除後再喝。

# 아카시아꽃차

## 洋槐花茶

◎消除浮腫
◎利尿作用

白色的洋槐花和紫藤花很像，開花時成串綻放，淡淡飄香，樣子很惹人憐愛。洋槐花在還是花苞之時，養分最為豐富，因此可摘採花苞並乾燥後備用。將曬乾的洋槐花苞放入杯中，倒入熱水悶泡一下即可飲用。洋槐花可拿來釀酒，亦可炸成天婦羅或做成沙拉享用。

# 차꽃차

## 茶花茶

◎幫助消化
◎幫助排毒

每年 11 月左右是茶樹開花的季節。茶花開花時小小白色的花朵微微朝下綻開，看來甚是可愛。摘採下花苞後可曬乾或放進冷凍庫保存。取數朵花苞放入壺中後，倒入熱水悶泡一下即可飲用。另外，在綠茶中放上 2～3 朵花苞，能使香氣更加濃郁。

# 천일홍차

## 千日紅茶

◎養顏美容
◎止咳

千日紅*因為能從夏天綻放到秋天，且持續維持豔麗的紅色，故而得名。飲用千日紅茶對美容養顏十分有效。可直接注入熱水悶泡後飲用，或者混合綠茶飲用，都能享受到另一番風味。

# 목련꽃차

## 木蘭花茶

◎緩解鼻炎
◎治療失眠

木蘭據說是世上最古老的植物之一。其花姿態高貴，香氣典雅，味道甘甜。摘採下花苞後，放進冷凍庫可長期保存。木蘭花開時，摘下花瓣後曬乾，飲用時取幾片花瓣，注入熱水沖泡即可飲用。

＊譯註：千日紅，別名百日紅、圓仔花。

## 매화차
### 梅花茶
◎安定氣神
◎抒解壓力

乾燥梅花

冷凍梅花

梅花茶的香氣豐郁，性質溫潤怡人，具有舒緩情緒的效果。冷凍後香氣更佳，因此，摘採下花苞後請放進冷凍庫保存。將含苞待放的花朵曬乾後，注入熱水沖泡即可飲用。除此之外，亦可用蜂蜜或砂糖醃漬，享受不同的口感。

## 수국꽃차
### 繡球花茶
◎放鬆身心
◎撫平心悸

山繡球花＊是由額繡球花變種而來，其溫和的香氣能夠消除身心疲勞。將乾燥繡球花的花瓣放入壺中，注入熱水沖泡片刻即可享用。花瓣一片片的摘下後，可放入冷凍庫保存，或者將一株一株的繡球花剪下，待其稍微乾燥後，再將花瓣一片片取下風乾。

## 작약꽃차
### 芍藥花茶
◎止咳
◎紓緩頭痛

芍藥花茶給人一種大氣而華麗的美好印象。花開後，請在當天摘下並放進冷凍庫保存。花瓣摘下後可用蜂蜜或砂糖醃漬。蜜漬花瓣可直接當作果醬使用，或者用熱水沖泡，做為蜜茶飲用。另外，亦可直接將花瓣乾燥後，注入熱水沖泡成花茶飲用。

## 연꽃차
### 蓮花茶
◎抒解壓力
◎治療失眠
◎幫助排毒

蓮花有種神祕而優美的姿態和香氣，沖泡成茶飲會帶有淡淡的甜味，是一款優雅的茶品。將渾圓飽滿、含苞待放的花苞摘下後，放進冷凍庫保存。沖泡時緩緩注入熱水，讓花朵綻開即可享用。若已開花，可將花瓣摘下並乾燥，搭配蓮葉茶（請參考第 38 頁）一起飲用。

＊譯註：繡球花別名紫陽花，源於中國和日本。本書所提到的繡球花為日本紫陽花，額繡球即為額紫陽花，而山繡球則為山紫陽花。這裡的繡球花茶指的是乾燥紫陽花之花茶，和沖泡時像花朵般盛開的牡丹繡球花茶或茉莉繡球花茶是不同的產品。

# 3 配茶吃的韓式甜點

甜度適當拿捏、且能呈現出食材特色的甜點，是韓國人長年以來所熟悉的口味。本篇介紹健康的韓國傳統糕點，以及融合傳統要素的新式茶點。使用前篇茶飲所利用的食材及韓國自古流傳至今的養身食材製作。這些點心不但適合搭配韓國傳統茶享用，亦可搭配綠茶或紅茶品嚐。

使用蜂蜜醃漬柚子製成的「柚子茶醬」可
像果醬一樣，直接塗抹在土司上或淋在優
格上。因為覺得「將柚子茶醬加進蛋糕裡
烘烤應該會很好吃」，所以就加進戚風蛋
糕裡試做看看。結果烘烤出來的戚風蛋糕
不僅鬆軟濕潤，還飄著淡淡的柚子香呢
（柚子醬的作法請參考第 12～13 頁）。

# 유자차케이크
## 柚子茶戚風蛋糕

材料（直徑 20cm 的戚風蛋糕模 1 個）

┌ 蛋黃……4 顆
└ 細砂糖……50g

葡萄籽油*……3 ⅓ 大匙

水……4 大匙

柚子茶（請參考第 12 ～ 13 頁）……100g

┌ 蛋白……7 顆
└ 細砂糖……80g

低筋麵粉……95g

＊註：葡萄籽油是由葡萄的種子所提煉出來的油，
　　清爽無味。若手邊沒有葡萄籽油，亦可用沙拉油
　　等其他油品代替。

◎事前準備

烤箱先預熱至 170℃。

**作法**

1…將蛋黃和細砂糖放入調理盆內，用攪拌器打至乳白狀，將葡萄籽油少量分次的慢慢倒入後攪拌均勻，接著倒入水，同樣少量分次的慢慢加入，並攪拌均勻。最後加入柚子茶醬拌勻。

2…將蛋白置於另一個調理盆內，用攪拌器打至稍微發泡狀，將細砂糖分 3 ～ 4 次加入其中，並持續攪拌，直到呈現細緻又具光澤的霜狀蛋白。

3…將步驟 2 中約 ⅓ 的蛋白霜倒入步驟 1，並用攪拌器拌勻。接著倒入過篩後的低筋麵粉，攪拌至無粉狀為止。接著將剩餘 ⅔ 的蛋白霜倒入，並用橡皮刮刀大範圍翻拌均勻，翻拌時請注意別太用力，以免蛋白霜消泡。

4…將步驟 3 倒入戚風蛋糕模中（蛋糕模不塗油），放進預熱至 170℃的烤箱，烘烤約 45 分鐘。

5…烘烤完成後，將蛋糕模中間空心的筒狀模管倒扣，並對準於事先準備好的罐頭或具高度的容器倒置放涼。待完全放涼後即可準備脫模。將脫模刀沿著邊緣插入蛋糕模，於內側畫一圈，讓蛋糕脫離蛋糕模的外圈。而底部也以相同方式，插入脫模刀後畫圈，使蛋糕脫離蛋糕模底。最後以竹籤插入中間空心的筒狀模管邊緣，沿著模管畫一圈，即可順利將蛋糕取出。

藥膳水果蛋糕是加入滿滿以蘭姆酒醃漬的枸杞子、紅棗、金桔等具療效的酒漬水果乾後烘烤而成。這款水果蛋糕藉由礦物質含量豐富的蔗糖及蜂蜜增添甜味，口感濕潤，氣味層次豐富。

# 약프루츠케이크
## 藥膳水果蛋糕

材料（25cm x 6cm x 5cm 的磅蛋糕模 2 個）
無鹽發酵奶油*……115g
蜂蜜……30g　　蔗糖……110g
蛋黃……3 顆　　牛奶……15ml
蘭姆酒漬水果乾（參考右記作法）……180g
蛋白……3 顆
┌ 高筋麵粉……15g
│ 低筋麵粉……100g
└ 泡打粉……約⅔小匙多
蘭姆酒……適量

＊註：發酵奶油是指製作奶油的初期，在乳脂中
　　　加入乳酸菌種後攪拌並使之發酵而製成的奶油。
　　　因此具有因乳酸發酵而生成的獨特乳脂香味和風
　　　味。若手邊沒有無鹽發酵奶油，亦可使用一般的
　　　無鹽奶油代替。

◎ 蘭姆酒漬水果乾
材料（易做的分量）與作法
1…取 60g 的糖漬金桔過一下熱水後瀝乾，切粗丁。
2…蜜燉紅棗和杏桃乾各 60g 切粗丁後，將之與綠
葡萄乾 60g、枸杞子 60g 和藍莓乾 20g 一同放入保
存容器中，並倒入 300ml 的蘭姆酒，浸泡至少 2 ～
3 小時或者醃漬一晚。

◎事前準備
1. 將奶油與蛋置於室溫下回溫。
2. 將高筋麵粉、低筋麵粉和泡打粉混合後過篩。
3. 將蘭姆酒漬水果乾瀝除汁液。
4. 在蛋糕模內緣塗上薄薄的一層奶油（分量外），
並輕撒一層高筋麵粉（分量外）。
5. 烤箱先預熱至 160℃。

## 作法

1…將奶油放入調理盆內，用攪拌器打軟至
乳霜狀。接著倒入蜂蜜攪拌均勻後，加入
一半的蔗糖拌勻。

2…將蛋黃一顆一顆分次加入步驟 1，並將
之完全打散、攪拌均勻。接著將牛奶一點
一點的倒入調理盆內，同時一邊攪拌。最
後加入蘭姆酒漬水果乾混合均勻。

3…將蛋白置於另一個調理盆內，用攪拌器
打至稍微發泡。接著分 3 ～ 4 次加入剩餘
的蔗糖，並持續打發，直到呈現細緻又具
光澤的霜狀蛋白。

4…將步驟 3 半量的蛋白霜倒入步驟 2 中，
均勻攪拌至看不到蛋白霜的白色為止。接
著將粉類過篩後倒入拌勻，再倒入剩餘的
蛋白霜，並用橡皮刮刀大範圍翻拌均勻，
翻拌時請注意別太用力，以免蛋白霜消泡。

5…將步驟 4 倒入磅蛋糕模中，放進預熱
至 160℃ 的烤箱，烘烤約 45 分鐘。要確認
是否烤熟，可利用竹籤刺入蛋糕，若竹籤
上沒有沾上麵糊即完成。烤好的蛋糕脫模
後，趁熱塗上一層蘭姆酒。

白色蒸糕是韓國的傳統糕點。使用紅棗片和南瓜籽排出花朵的模樣妝點在蒸糕上。以米為基底製作而成的鹽味蒸糕，綿密鬆軟的口感搭配上些許蔗糖天然的甜味，讓整體風味更為柔和。在韓國，白色蒸糕不但是日常食用的茶點，亦是慶賀孩子出生百日或周歲時必備的糕點。

# 백설기
## 白色蒸糕

左邊是糯米做成的糯米粉，右邊則是粳米所做成的上新粉。

材料（直徑約 18cm 的圓形蒸籠 1 個）
上新粉＊……270g
糯米粉……30g
鹽……½小匙
水……160ml
蔗糖……3 大匙
紅棗、南瓜籽……適量

＊譯註：上新粉為精製粳米洗淨乾燥後，加入少
　量的水所製成。若無法取得，可改以蓬萊米粉替
　代。

**作法**

1…將上新粉、糯米粉和鹽放入調理盆內拌勻，分次慢慢的加入量好的水，並用兩手混勻。整體混合均勻並呈現鬆鬆的顆粒狀態後，加入蔗糖，再用粗孔篩過篩。

2…在蒸籠內鋪上濕布後倒入步驟 1，仔細整平，於上層再蓋一層濕布。接著將蒸籠放入蒸鍋裡，蒸煮約 30 分鐘，待其冷卻至不燙手的程度後，將蒸糕從蒸籠中取出切塊。

3…在紅棗乾上縱切一刀，將籽取出。接著，從邊將紅棗捲緊後（請參考第 21 頁），再橫向切成圓片。最後將紅棗圓片與南瓜籽放至蒸糕上妝點即完成。

使用麻油和蜂蜜製成，是一種營養豐富且具滋養效果，又對健康有益的糕點，在韓國稱之為「藥果」（약과）。韓國傳統的藥果屬於糕餅類的點心，但本書則將之稍作變化，加入生薑及陳皮，並倒入可愛的花朵模型中烘烤成如瑪德蓮般的小點。

# 꽃약과
## 花藥果

陳皮與生薑

材料（直徑約 7cm 的瑪格麗特花型烤模 6 個）
無鹽發酵奶油*……70g
蛋……2 顆
日本三溫糖……40g
蜂蜜……50g
┌低筋麵粉……60g
└泡打粉……½小匙
薑汁……½大匙
切碎的陳皮**……½大匙

＊註：發酵奶油是指製作奶油初期，在乳脂中加入
　　乳酸菌種後攪拌並使之發酵而製成的奶油。因此
　　具有因乳酸發酵而生成的獨特乳脂香味和風味。
　　若手邊沒有無鹽發酵奶油，亦可使用一般的無鹽
　　奶油代替。
＊＊註：「陳皮」即為乾燥的橘子皮。

◎事前準備
1. 將蛋黃和蛋白分開。
2. 在烤模內緣塗上奶油（分量外）。
3. 將低筋麵粉和泡打粉混合後過篩。
4. 烤箱先預熱至 170℃。

**作法**

1…將奶油放入小鍋，開中火加熱。待奶油開始冒泡並呈現茶色焦狀時，即可關火，將奶油用篩網過濾。

2…將蛋白放入調理盆內，用攪拌器打散後加入日本三溫糖拌勻，攪拌時注意勿將蛋白打發。接著分次加入蛋黃，並一邊均勻攪拌。之後倒入蜂蜜拌一下，再倒入事先篩好的粉。

3…將步驟 1 的焦狀奶油倒入步驟 2 中攪拌均勻後過篩。接著加入薑汁和陳皮拌勻。完成後將麵糊放置於室溫下一晚。

4…將步驟 3 的麵糊倒入花型烤模中，分別約倒入八分滿即可。接著放進預熱至 170℃的烤箱，烘烤約 18 分鐘。烘烤完成後，脫模並待其冷卻即可享用。

在韓國，糯米點心是一年四季中各種節日或喜慶之日不可或缺的食物，象徵著「壽福康寧（수복강녕）」，具有祈求幸福、長壽、健康、安寧之意。相對於蒸煮製作而成的白色蒸糕（請參考第 54 ～ 55 頁），花煎餅則是以麻油煎製的糕點，搭配可食用的花朵做為點綴，完成後宛如刺繡作品一般，令人感到賞心悅目。韓國人習慣依季節使用不同的花朵來裝飾，例如春天使用杜鵑花，夏天使用玫瑰花或蓮花，秋天則使用菊花來展現秋意。

# 화전
## 花煎餅

左為糯米粉，右為上新粉。

材料（直徑約 6cm 的花煎餅約 10 個）

糯米粉……80g

上新粉……20g

鹽……少許

熱水……½ 杯

食用花朵*……適量

麻油……適量

＊譯註：食用花朵的英文為 edible flower。

**作法**

1…將糯米粉、上新粉和鹽放入調理盆內混合均勻後，分次倒入量好的熱水，並將麵團揉至如耳垂般的柔軟程度。麵團揉好後蓋上濕布，靜置室溫 30 分鐘。

2…將步驟 1 的麵團分割成 10 等分。分別揉圓後，再壓成直徑約 6cm 的圓扁狀。接著在表面沾點水後，放上食用花朵。

3…在平底鍋倒入稍微多量的麻油並熱鍋，將煎餅麵團的花朵面朝上放入平底鍋中，轉中火煎熟後，翻面將花朵面快煎一下立刻取出，請注意別將食用花朵煎到變色。可依個人喜好沾點蜂蜜或蔗糖享用。

◎製作糯米點心使用的模型

這些是製作糯米點心使用的模型，常見「花」或「福」等帶有祝賀意義的設計紋樣，用於壓印在點心上做裝飾。傳統的家庭也會擁有自家相傳的設計紋樣，由母親傳給女兒，代代相承。

韓國人很習慣將雜糧混合白米一起煮食，因此我們將雜糧加在麵團裡做成餅乾。與一般僅以麵粉做出的餅乾相比，糧穀餅乾的香味更佳，口感更香脆。除此之外，糧穀餅乾含有豐富的礦物質及膳食纖維，是很健康的小點。餅乾模型可依個人喜好選擇使用。

# 육곡쿠키
## 六穀餅乾

材料（直徑約 5cm 的雛菊型餅乾模 25 個，或直徑 2.5cm 的菊型餅乾模 50 個）

無鹽奶油……60g
日本三溫糖……40g
蛋液……¼ 顆（15g）
低筋麵粉……100g

莧菜籽*……½ 小匙
紫米……½ 小匙
全麥麵粉……½ 小匙
小麥胚芽…… 1 ½ 小匙
裸麥麵粉…… 1 ½ 小匙

煎焙過的糙米……適量
避免沾黏用的粉（建議使用高筋麵粉）……適量

＊註：莧菜是原產於安第斯山脈的莧科植物。莧菜
　　籽則為莧菜的種子。

## ◎事前準備
1. 奶油置於室溫下回溫。
2. 將低筋麵粉過篩。
3. 將莧菜籽、紫米、全麥麵粉、小麥胚芽和裸麥麵粉混合好備用。
4. 烤箱先預熱至 170℃。

## 作法
1…將奶油放入調理盆內，用攪拌器打軟至乳霜狀。接著依序加入日本三溫糖和蛋液，並繼續攪拌至光滑平整的狀態。
2…將篩好的低筋麵粉倒入步驟 1 裡，用橡皮刮刀稍微攪拌一下後，倒入混好備用的糧穀拌勻。接著將麵團塑成一球狀，用保鮮膜包裹住後放入冰箱冷藏 1 ～ 2 小時。
3…在工作台上撒一些麵粉避免沾黏。放上步驟 2 冷藏完成的麵團，用桿麵棍擀成 3 ～ 4mm 厚的麵團。接著，拿出餅乾模蓋出造型，並撒上些許煎焙過的糙米，再將麵團移至鋪好烘培紙的烤盤上，放入預熱至 170℃的烤箱，烘烤約 13 分鐘即完成。

從左上到右下依序為裸麥麵粉、莧菜籽、煎焙過的糙米、全麥麵粉、紫米和小麥胚芽。

這篇要介紹的是一些簡單就能完成的茶點。這些茶點使用了韓國人經常食用的柿餅和蜂蜜，其中一款是在柿餅中鑲上核桃後切片，另一款則是在各式堅果淋上蜂蜜並拌勻。對於突然想吃點甜食的時候，會是很不錯的選擇。

# 곳감말이
## 柿餅核桃捲

材料（易做的分量）
柿餅……4 個
核桃……16 顆

**作法**
1…切除柿餅的蒂頭。接著用手揉軟柿餅，並從切口處取出柿籽。
2…將核桃鑲入步驟 1 的柿餅中，一個柿餅鑲 4 顆。接著用保鮮膜將柿餅捲好，靜置一會兒後，切成 1.5cm 厚的圓片盛盤。

# 나무열매꿀절이
## 蜜漬堅果

材料（易做的分量）
紅棗乾、杏仁果、腰果、榛果、花生、松籽仁等……共 150g
蜂蜜……適量

**作法**
將堅果放入容器中，倒入蜂蜜覆蓋過堅果，並攪拌均勻。拌好後，盛裝至器皿中就能立即享用。

在韓國，糖漬蜜餞是十分常見的茶點，一般人會用蜂蜜或麥芽糖熬煮高麗蔘、桔梗根或生薑作為點心，像製作果皮蜜餞一樣，先用砂糖燉煮過後再風乾。燉煮時盡量不要加水，以食材本身所保有的水分燉煮即可。

# 정과
## 糖漬蜜餞

 **柚皮蜜餞**

材料（易做的分量）
柚子……2 顆
細砂糖……40g
增色用細砂糖……適量

**作法**

1…在柚子上撒些許鹽巴（分量外）並用刷子刷洗乾淨後，將水分擦乾。

2…將柚子切成四等分，切除中間白芯部分並取出柚籽。接著擠出柚汁置於另一容器內備用，柚皮部分縱切成四條。

3…將柚皮放入鍋內，撒上細砂糖後靜置一會兒。待細砂糖溶解後開火，倒入柚汁以小火熬煮。熬煮至汁液開始冒泡並近乎收乾時即可，請留意不要煮焦。

4…將熬煮完成的柚皮散放在竹簍上風乾約2～3天，待完全乾燥後，撒上增色用的細砂糖即可享用。

 **蓮子蜜餞**

材料（易做的分量）
蓮子……50g
細砂糖……25g
增色用細砂糖……適量

**作法**

1…蓮子以大量清水浸泡一晚後瀝乾，放入鍋中並加入清水覆蓋過蓮子，開火熬煮約15～20分鐘。待蓮子變軟後，加入細砂糖繼續燉煮，直到汁液近乎收乾時即可，請留意不要煮焦。

2…將煮好的蓮子散放在竹簍上風乾一晚，待完全乾燥後，撒上增色用的細砂糖即可享用。

 **生薑蜜餞**

材料（易做的分量）
薑……50g
細砂糖……25g
檸檬汁……1 小匙
增色用細砂糖……適量

**作法**

1…薑去皮切成薄片後，放入鍋中。接著撒上細砂糖靜置一會兒，待出水後開小火燉煮。燉煮約5分鐘後，倒入檸檬汁稍微煮一下即可關火。

2…將煮好的薑片散放在竹簍上風乾約2～3天，待完全乾燥後，撒上增色用的細砂糖即可享用。

將黑胡椒粒鑲入水梨中以糖燉煮，即
為韓國經典的甜品糖燉水梨＊。蔗糖
的甘甜搭配上薑的辛香味，呈現出爽
口風味。也可使用醋漬枸杞子代替黑
胡椒粒鑲入水梨，或是夏天時，用琵
琶取代水梨來燉煮。

＊譯註：糖燉水梨是韓國傳統甜點「花
　　菜」的一種，在韓文中稱作「梨熟」
　　（배숙）。

# 배숙

糖燉水梨

材料（易做的分量）
水梨……1 顆
黑胡椒粒……24 粒
薑……20g
水……3 杯
蔗糖……50g

**作法**

1…將水梨削皮去核，切成八等分。接著在每一片水梨上分別鑲上 3 粒黑胡椒。

2…薑去皮切成薄片後，與量好的水一起放入鍋中開中火熬煮約 15 分鐘。熬煮完成的薑汁過篩備用。

3…將水梨放入另一個鍋子裡，撒上蔗糖後靜置一會兒。待蔗糖溶解後，倒入步驟 2 過好篩的薑汁，以小火熬煮至水梨呈透明狀即可關火。待其冷卻至不燙手的程度即可放入冰箱。冰鎮後將水梨連同湯汁一起盛入碗中即可享用。

五味子果凍有美麗的色澤，且香氣濃郁又爽口，還能享用到五味子所具備的五種味道。除此之外，作法也十分簡單，僅需將五味子浸泡一晚，在萃取出的汁液中加入吉利丁凝固即完成。在這篇食譜中，雖然以與五味子的味道相配的麝香葡萄做為裝飾，但也可依個人喜好以當季的水果代替。

# 오미자젤리
## 五味子果凍

材料（5 人分）

五味子……30g

水……550ml

砂糖及蜂蜜……各 3 大匙

┌吉利丁粉……2 包（10g）
└熱水……100ml

麝香葡萄（裝飾用）……5 顆

**作法**

1…五味子去枝梗後（請參考第 25 頁），
洗淨瀝乾。

2…將量好的水倒入鍋中，煮沸後關火。待
湯汁冷卻至不燙手的程度，加入步驟 1 混
合攪拌，並靜置一晚。隔天將五味子過篩
濾淨，留取湯汁，加入砂糖及蜂蜜攪拌均
勻。

3…將吉利丁粉撒入量好的熱水中，待溶化
後倒入步驟 2 攪拌均勻。接著，將做好的
果凍液分成五等分倒入容器中，放入冰箱
冷卻凝固。若有準備麝香葡萄的話，去皮
裝飾於果凍上即完成。

# 茶點目錄

1.

## 강정
韓式米粔

6.

## 약식
藥食

2.

## 다식
茶食

7.

## 흑미찰떡
紫米糕

3.

## 호박찰떡
南瓜糕

8.

## 무지개떡
彩虹糕

4.

## 엿강정
傳統糖

9.

## 매작과
梅雀果

5.

## 꿀떡
蜜麻糬

10.

## 콩설기
豆餡蒸糕

本篇介紹適合搭配茶飲享用的韓國市售茶點。這些茶點也是在韓國傳統茶館裡，會連同茶飲一起端給客人品嚐的茶點。

## 1. 韓式米粍（강정）

韓國的傳統茶館常以韓式米粍作為茶點，搭配茶飲端給客人享用。將發酵的糯米磨成粉，加入適量的酒並揉成麵團後蒸煮一下，再下鍋油炸至膨脹鬆發。將炸好的米粍塗上一層蜂蜜，撒上蒸過、風乾並搗碎的糯米即完成。

## 2. 茶食（다식）

一種搭配茶飲享用的傳統糕點，常見以綠豆、青大豆、松花粉、五味子、黑芝麻做為材料製成，顏色五彩繽紛。

## 3. 南瓜糕（호박찰떡）

찰為糯米之意，떡則為糕餅的意思。南瓜糕是混合了南瓜和糯米，再加上黑豆所蒸製而成的糕餅。

## 4. 傳統糖（엿강정）

將黑芝麻、白芝麻、荏胡麻籽、松籽仁、花生等食材用麥芽糖漿（水飴）拌勻所製成，是一款質樸的糕點。

## 5. 蜜麻糬（꿀떡）

蜜麻糬內餡包的不是紅豆，而是蜂蜜。

## 6. 藥食（약식）

藥食*是以糯米、紅棗乾、松籽仁及栗子做為食材，並用蜂蜜、麻油和醬油調味後蒸煮而成的韓式米糕。因為使用的食材營養豐富且具滋養效果，故名稱上用了「藥」字。藥食具甜味，口感與年糕很相近。

## 7. 紫米糕（흑미찰떡）

찰為糯米之意，떡則為糕餅。紫米糕是混合了紫米和糯米，再加上紅棗乾及黑豆所蒸製而成的糕餅。

## 8. 彩虹糕（무지개떡）

무지개為彩虹之意，떡則為糕餅。彩虹糕如同其名，豐富的色彩看起來好似「彩虹般的年糕」，是喜慶宴會上常見的糕點。在製做白色蒸糕時（請參考第54～55頁），以五味子或梔子花等食材為蒸糕著上鮮艷的顏色，即成彩虹糕。

## 9. 梅雀果（매작과）

梅雀果就是我們所說的蜜麻花，梅雀果是將酒和薑汁倒入麵粉中揉成麵團，切分數塊後將麵團扭轉成型，放進鍋中油炸，炸好後再裹上一層蜂蜜或糖漿。

## 10. 豆餡蒸糕（콩설기）

설기為米製蒸糕之意，豆餡蒸糕是將黑豆和栗子等食材加入米中所蒸製而成的糕餅。

＊譯註：在韓國亦稱為藥飯（약밥）。

# 4 對身體有益的藥膳酒

幾乎所有熬煮茶飲的食材，都同樣適合用來製成藥膳酒，據說為身體帶來的效果也相同。藥膳酒不但可做為餐前酒飲用，亦能在寒冷或失眠的夜裡發揮溫熱舒緩的效果。藥膳酒的釀製最快一個月就能享用。飲用方法隨意且多變，可直接喝，或者加入開水、熱水或蘇打水稀釋飲用。

# 유자주

## 柚子酒

濃郁的柚香，讓人聞了身心都
舒緩柔和了起來。柚子酒口感
甘甜滑順，對平時不太喝酒或
酒量不佳的人來說，是一款容
易入口的酒。

# 사과주

## 蘋果酒

蘋果酒散發出柔和的蘋果香，
適度酸味與果甜的平衡，呈現
清爽的口感。蘋果酒能消除疲
勞、養顏美容。建議可連同蘋
果皮一起釀製。

## 매실주
### 梅實酒

梅實酒又稱梅酒。我們家習慣
用白蘭地來釀製梅實酒，在用
完晚餐的清閒夜裡，我們會倒
杯梅實酒當作餐後甜酒享用。

## 오미자주
### 五味子酒

將五味子漬泡在酒裡會呈現艷
紅的酒色，外觀十分漂亮。五
味子酒喝來有些許澀味，但因
為同時具有酸味，所以喝來爽
口。

## 솔잎주
### 松葉酒

釀製松葉酒所用的松葉可以是
赤松、黑松或五葉松，但最推
薦選用較柔軟的赤松來釀製。
松葉浸泡在酒裡時，其揮發性
成分會溶於酒中，因此呈現出
清爽的口感，很容易入口。

## 국화주

### 菊花酒

享用菊花酒時，除了能感受到
菊花飄散的清香外，同時還能
一邊觀賞淺黃的酒色之美。菊
花酒帶有些微苦味，可依個人
喜好添加些蜂蜜或甜味飲用。

## 장미꽃주

### 玫瑰花酒

玫瑰花酒和菊花酒一樣，品飲
時能感受到高雅的花香。當想
放鬆身心時，推薦試試這一款
酒。

## 구기자주

### 枸杞酒

枸杞雖然帶有一種獨特的氣
味，但釀製成枸杞酒後喝來十
分潤口。許多人將枸杞視為萬
靈丹，因枸杞不但能促進血液
循環，亦能讓肌膚保持亮麗有
彈性，達到養顏美容的效果。

# 산사자주

## 山楂酒

山楂又稱為山楂子，屬薔薇科
植物，果實酸甜，和日本姬蘋
果*的味道很相似。一般認為
山楂可以幫助消化。

*譯註：「姬蘋果」是日本蘋
　果的品種。

# 인삼주

## 高麗蔘酒

高麗蔘酒熟成後，會使高麗蔘
所帶有的苦味消失，呈現的香
氣柔和且味道濃郁。高麗蔘的
營養成分豐富，因此一根高麗
蔘可以浸泡兩次，釀製兩瓶高
麗蔘酒。高麗蔘酒有消除疲勞
的效果。

# 如何釀製藥膳酒

## 柚子酒

材料（易做的分量）
柚子……4 顆
細砂糖……200g
蒸餾白酒……800ml
鹽……少許

### 作法

1…在柚子上撒些許鹽巴並用刷子刷洗乾淨，將水分擦乾。接著，將柚子縱向及橫向分別切成兩等分。
2…將釀酒用的 2 公升密封瓶事先用熱水燙過消毒，冷卻乾燥後放入切好的柚子，再倒入細砂糖攪拌一下。每天搖晃一次瓶身，約兩天後倒入蒸餾白酒。之後將瓶子置於陰涼處保存，約一個月後，將食材過篩濾除即可飲用。但靜置約三個月待其熟成後，風味會更佳。

## 蘋果酒

材料（易做的分量）
蘋果（紅玉品種最適合）……2 顆
檸檬……1 顆
冰糖……200g
蒸餾白酒……800ml

### 作法

1…在蘋果上撒些許鹽巴並用雙手搓洗乾淨，再將水分擦乾。蘋果帶皮縱切成八等分後去核。檸檬去皮後切成圓片。
2…將釀酒用的 2 公升密封瓶事先用熱水燙過消毒，冷卻乾燥後，將蘋果、檸檬和冰糖交互放入瓶中，最後倒入蒸餾白酒。之後將瓶子置於陰涼處保存，約靜置三個月後，將食材過篩濾除即可飲用。

## 梅實酒

材料（易做的分量）
青梅……1kg
冰糖……300 ～ 500g
白蘭地……1800ml

### 作法

1…仔細挑選無損傷的青梅，洗淨後將水分擦乾，用竹籤將蒂頭挑除。
2…將釀酒用的 4 公升密封瓶事先用熱水燙過消毒，冷卻乾燥後，放入青梅，並倒入冰糖。最後將白蘭地倒進瓶中。之後將瓶子置於陰涼處保存，約靜置三個月後即可飲用。

## 松葉酒

材料（易做的分量）
松葉（赤松、黑松或
五葉松）……80g
蜂蜜……100g
蒸餾白酒……500ml

### 作法

1…將松葉根部摘除，仔細洗淨後瀝乾，待完全晾乾後再使用。
2…將釀酒用的 2 公升密封瓶事先用熱水燙過消毒，冷卻乾燥後，放入松葉並淋上蜂蜜攪拌均勻，最後倒入蒸餾白酒。接著僅需將瓶蓋輕輕蓋上，置於陰涼處保存。約靜置一個月後，將食材過篩濾除即可飲用。

## 五味子酒

材料（易做的分量）
五味子……60g
蜂蜜……200g
蒸餾白酒……500ml

### 作法

1…五味子去除枝梗，仔細洗淨瀝乾後，鋪放於竹簍上，待完全晾乾再使用。
2…將釀酒用的 1 公升密封瓶事先用熱水燙過消毒，冷卻乾燥後，放入五味子並倒入蒸餾白酒。之後將瓶子置於陰涼處保存。約靜置一～三個月左右，將食材過篩濾除並倒入蜂蜜，倒入蜂蜜後雖即可飲用，但靜置約三個月待其熟成後，風味會更佳。

## 菊花酒

材料（易做的分量）
乾燥菊花……10g
蒸餾白酒……500ml
蜂蜜……適量

### 作法

1…將釀酒用的 1 公升密封瓶事先用熱水燙過消毒，冷卻乾燥後，放入乾燥菊花並倒入蒸餾白酒。之後將瓶子置於陰涼處保存，約靜置一～三個月左右，將食材過篩濾除即可立即飲用。但靜置約三個月待其熟成後，風味會更佳。飲用時可依個人喜好添加些蜂蜜。

## 枸杞酒

材料（易做的分量）
枸杞子……50g
蒸餾白酒……500ml
蜂蜜……200g

### 作法

1…枸杞子仔細洗淨後鋪放於竹簍上，待完全晾乾後再使用。
2…將釀酒用的 1 公升密封瓶事先用熱水燙過消毒，冷卻乾燥後，放入枸杞子並倒入蒸餾白酒。之後將瓶子置於陰涼處保存。約靜置一～三個月左右，將食材過篩濾除並倒入蜂蜜，倒入蜂蜜後即可飲用，但靜置約三個月待其熟成後，風味會更佳。

## 玫瑰花酒

材料（易做的分量）
乾燥玫瑰花……15g
蒸餾白酒……500ml
蜂蜜……適量

### 作法

1…將釀酒用的 1 公升密封瓶事先用熱水燙過消毒，冷卻乾燥後，放入乾燥玫瑰花並倒入蒸餾白酒。之後將瓶子置於陰涼處保存，約靜置一～三個月左右，將食材過篩濾除即可立即飲用。但靜置約三個月待其熟成後，風味會更佳。飲用時可依個人喜好添加些蜂蜜。

## 山楂酒

材料（易做的分量）
山楂子……60g
蜂蜜……200g
蒸餾白酒……500ml

### 作法

1…山楂子仔細洗淨後鋪放於竹簍上，待完全晾乾後再使用。
2…將釀酒用的 1 公升密封瓶事先用熱水燙過消毒，冷卻乾燥後，放入山楂子並倒入蒸餾白酒。之後將瓶子置於陰涼處保存。約靜置一～三個月左右，將食材過篩濾除並倒入蜂蜜，倒入蜂蜜後即可飲用，但靜置約三個月待其熟成後，風味會更佳。

## 高麗蔘酒

材料（易做的分量）
高麗蔘（水蔘）……1 根
冰糖……200g

蒸餾白酒……1000ml

### 作法

1…高麗蔘洗淨，仔細擦乾。
2…將釀酒用的 2 公升密封瓶事先用熱水燙過消毒，冷卻乾燥後，放入高麗蔘及冰糖，並倒入蒸餾白酒。之後將瓶子置於陰涼處保存。約靜置六個月後即可飲用。飲用時無需將高麗蔘取出，若將之取出，可重複相同作法，再釀製另一瓶高麗蔘酒。

◎食材濾除後，請將藥膳酒移至口徑較小的瓶中保存。

國家圖書館出版品預行編目資料

尋味.韓國茶：療癒身心的純正韓式茶品、甜點與養生酒飲 / 李映林, 高靜子著；琴兒譯. -- 初版. -- 臺北市積木文化出版：
家庭傳媒城邦分公司發行, 民104.02
　　面；公分
ISBN 978-986-5865-83-2(平裝)

1.茶食譜 2.點心食譜

427.41　　　　　　　　　　　　　10302538

**台灣的食材採買推薦處**

◎迪化街：可在此找到乾燥玫瑰花、菊花等花草茶葉，及紅棗、百合、松子等根莖糧穀類食材。

元信蔘藥行
台北市迪化街一段 140 號
(02)2552-8915

承泰蔘藥公司
台北市歸綏街 218 之 3 號
(02)2553-3138

◎艋舺青草巷：位於萬華區西昌街聚集了許多家青草店，可在此找到桑葉、艾草、蒲公英葉等食材，唯商家販售的青草有乾燥、新鮮之分，購買時可先與店家確認飲用方式。

萬安青草店
台北市西昌街 224 巷 3 號 7 號 9 號
(02)2302-4290

◎ City'super　全台據點
(02)7711-3288
http://www.citysuper.com.tw/

◎ Jasons Market Place　全台據點
http://www.jasons.com.tw/

※ 實際販售商品依店家現場提供為主，前往購買前請先向店家確認。

**韓國的食材採買推薦處**

◎仁寺洞：位於首爾的骨董街，許多傳統茶館、茶葉店或茶具店都開於此。傳統茶館也有販賣茶葉。

◎京東市場：為坐擁近千家韓方藥材店的市場，部分店鋪甚至有附設醫院。

Art direction／山口美登利
Design／川添 藍
攝影／田辺Wakana
Styling／池永陽子
取材・構成・編輯協力／相沢博美

VK0037

# 尋味・韓國茶 療癒身心的純正韓式茶品、甜點與養生酒飲

| | |
|---|---|
| 原 書 名 | はじめての韓国伝統茶 |
| 作　　者 | 李映林、高靜子 |
| 譯　　者 | 琴兒 |
| 總 編 輯 | 王秀婷 |
| 主　　編 | 洪淑暖 |
| 責任編輯 | 張成慧 |
| 版　　權 | 向艷宇 |
| 行銷業務 | 黃明雪、陳志峰 |
| 發 行 人 | 涂玉雲 |
| 出　　版 | 積木文化 |
| | 104台北市民生東路二段141號5樓 |
| | 電話：(02) 2500-7696｜傳真：(02) 2500-1953 |
| | 官方部落格：www.cubepress.com.tw |
| | 讀者服務信箱：service_cube@hmg.com.tw |
| 發　　行 | 英屬蓋曼群島商家庭傳媒股份有限公司城邦分公司 |
| | 台北市民生東路二段141號2樓 |
| | 讀者服務專線：(02)25007718-9｜24小時傳真專線：(02)25001990-1 |
| | 服務時間：週一至週五09:30-12:00、13:30-17:00 |
| | 郵撥：19863813｜戶名：書虫股份有限公司 |
| | 網站：城邦讀書花園｜網址：www.cite.com.tw |
| 香港發行所 | 城邦（香港）出版集團有限公司 |
| | 香港灣仔駱克道193號東超商業中心1樓 |
| | 電話：+852-25086231｜傳真：+852-25789337 |
| | 電子信箱：hkcite@biznetvigator.com |
| 馬新發行所 | 城邦（馬新）出版集團 Cite（M）Sdn Bhd |
| | 41, Jalan Radin Anum, Bandar Baru Sri Petaling, 57000 Kuala Lumpur, Malaysia |
| | 電話：(603) 90578822｜傳真：(603) 90576622 |
| | 電子信箱：cite@cite.com.my |
| 封面設計 | 許瑞玲 |
| 內頁排版 | 優克居有限公司 |
| 製版印刷 | 中原造像股份有限公司 |

城邦讀書花園
www.cite.com.tw

2015年（民104）2月2日　初版一刷　　　　　　　　　　Printed in Taiwan
售　價／NT$320
ISBN 978-986-5865-83-2
版權所有・翻印必究